はじめに

　平成28年4月1日に施行された農業協同組合法等の一部を改正する等の法律により農業委員会等に関する法律（農業委員会法）が改正され、農地等の利用の最適化の推進、すなわち、担い手への農地利用の集積・集約化、遊休農地の発生防止・解消、新規参入の促進による農地等の利用の効率化及び高度化の促進が農業委員会の必須事務となりました。この農地等の利用の最適化に適した体制とするため、区域ごとに新たに農地利用最適化推進委員が置かれており、農業委員と連携して取り組む体制が整備されました。

　また、令和5年4月1日に施行された改正農業経営基盤強化促進法等により、従来より実質化に取り組んできた「人・農地プラン」が「地域計画」として法定化されました。農業委員会は地域計画の核となる目標地図の素案作成や地域の協議の場に参加する等により地域計画の策定への協力が求められています。

　これらの改正の背景には、農業者の高齢化やリタイア、後継者の不在等に起因する農業者の減少という問題が横たわっています。今後、使われない農地がさらに増えていく恐れがある中、「今、耕されている農地を、耕せるうちに、耕せる人へ、次の農業者へバトンをつなぐ」という取り組みである、農地等の利用の最適化の推進が何よりも必要になっています。

　そのため、農業委員と農地利用最適化推進委員、農業委員会事務局等が相互に連携し、都道府県農業会議、全国農業会議所とともに「農業委員会ネットワーク」として組織一丸となった取組みを強化していくことが急務となっています。

　本テキストを通じて、法律に基づく農業委員会の事務、農業委員と農地利用最適化推進委員の役割についての理解が深まり、活動の充実につながれば幸いです。

全国農業委員会ネットワーク機構（一般社団法人 全国農業会議所）

農業委員会研修テキスト 1 農業委員会制度 農地利用の最適化の推進

※本文中の農業委員会法等の条項は、令和5年6月1日時点のものを記載しています。

目 次

JN046458

1 農業委員会の基礎知識

1) 農業委員会の4つの基本的な性格

農地の確保と有効利用に向けて取り組みます

[農地行政を担う組織]

効率的な農地利用について、農業者を代表して公正に審査します。

農地法に基づく許可

農地の利用状況調査（農地パトロール）・遊休農地対策

農地等の利用の最適化に取り組みます

[農業生産力の増進を支援する組織]

担い手への農地利用の集積・集約化、遊休農地の発生防止・解消、新規参入の促進を通じて、地域農業の発展に寄与します。

農地所有者の意向把握

集落での話合い 等

2) 農業委員会の事務

農業委員会法 第6条第1項事務

　農業委員会だけが専属的な権限として行う事務です。

　これは、農業委員による合議体である行政委員会として、農地の権利移動についての許可、農地転用申請書の受理や意見書の添付等の農地法に基づく事務等です。

　また、農地に関連する税制等の事務も含まれています。

農業委員会法 第6条第2項事務

　「農地等の利用の最適化」とは、①担い手への農地利用の集積・集約化、②遊休農地の発生防止・解消、③新規参入の促進を柱とした活動です。

　認定農業者等担い手の規模拡大意欲と遊休農地所有者等農地の出し手への意向確認等を支援するため、「地域計画」の作成・見直し等の地域における協議の場を活用しつつ、農地中間管理機構との連携強化によって活動の成果を上げることが求められています。

　平成28年から必須事務となり、現在農業委員会に最も期待される役割です。

農業の担い手の育成・確保に取り組みます

[農業経営の合理化を支援する組織]

農業の担い手の育成・確保と効果的な情報の提供活動を通じて、地域農業の発展に寄与します。

農業経営の合理化による地域農業の発展

農業委員会法第6条第3項事務

　農地を有効利用するためには、その対象となる農業経営の合理化が不可欠です。

　このため、農業委員会は、農業経営の法人化、複式簿記の記帳や青色申告等を通じて、担い手の育成・確保を図ります。

　また、地域農業の状況を把握するための調査や制度・施策・農業経営の改善に役立つ情報の提供も行います。

　地域農業の発展、農業者の自主性を発揮させる観点からも、農業委員会の積極的な活動が求められています。

地域の課題解決に向けて取り組みます

[農業・農村の声を代表する組織]

農業者・集落又は農業団体の声を行政・政策に反映します。

施策の改善についての意見の提出

農業委員会法第38条に基づく意見の提出

　農業委員会は、農地等の利用の最適化に取り組む中で、広く農業者の声をくみ上げ、関係行政機関等に対し、農地等利用最適化推進施策の改善についての具体的な意見を提出しなければなりません。

　また、改善意見の提出を受けた関係行政機関等は、その内容を考慮しなければならないこととされています。

3）農業委員会はこんな仕事をしています

（1）農地の確保と有効利用（第6条第1項事務）

優良農地の確保と有効利用

農地法に基づく許可

遊休農地所有者に対する意向確認

農地台帳による情報の一元管理

●農地台帳と地図の
　整備（電子化）・
　活用・公表

●利用状況調査
　（農地パトロール）、
　利用意向調査等

（2）農地利用の最適化（第6条第2項事務）

認定農業者等担い手への農地利用の集積・集約化、
遊休農地の発生防止・解消、新規参入の促進

●地域の土地利用の
　合意形成

●地域計画の策定に向けた
　話合いへの参加

農地の利用調整・
あっせんを行います

（3）農業経営の合理化、情報の提供（第6条第3項事務）

農業経営の合理化に向けた地域の世話役活動

農業一般に関する調査・情報提供
全国農業新聞　全国農業図書
農業委員会だより

農業者年金の加入推進
（農業者年金制度の普及推進）

（4）意見の提出（第38条）

農地等の利用の最適化を
進めるための関係行政機関等への
意見の提出

行政への意見の提出

意見のくみ上げ

認定農業者や集落営農組織と
農業委員会との意見交換会

2 農業委員会組織とは

農業委員会等に関する法律（農業委員会法）に基づいて設置されている**3段階の組織**です。

---

❶ 農業委員会（市町村に置かれる行政委員会）
❷ 都道府県農業委員会ネットワーク機構
❸ 全国農業委員会ネットワーク機構

キーワード　行政委員会

　地方公共団体等の一般行政部門に属する行政庁であって、複数の委員によって構成される合議制の形態をとり、かつ、母体となる行政部門からある程度独立した形でその所管する特定の行政権を行使する地位を認められるものをいいます。

● **都道府県農業委員会ネットワーク機構とは**

　農業委員会ネットワーク業務を行うため、都道府県知事の指定を受けた法人。

　都道府県農業会議が指定を受けており、農業委員会相互の連絡調整、農業委員、農地利用最適化推進委員、職員への講習・研修、管内農地情報の収集・整理・提供等の業務を行います。

● **全国農業委員会ネットワーク機構とは**

　農業委員会ネットワーク業務を行うため、農林水産大臣の指定を受けた法人。

　一般社団法人全国農業会議所が指定を受けており、都道府県機構相互の連絡調整、農業委員、農地利用最適化推進委員、職員の講習・研修への協力、農地情報の収集・整理・提供（農業委員会サポートシステムの管理・運営）等の業務を行います。

農業委員会ネットワーク機構の組織と業務

全国機構（全国農業会議所）

- ●都道府県機構相互の連絡調整
- ●農業委員、推進委員、職員の講習・研修への協力

共通する業務
- ●農地情報の収集・整理・提供
- ●農業者、就農希望者への支援
- ●法人化等の経営支援
- ●担い手の組織化と運営支援
- ●農業に関する調査・情報提供

都道府県機構（農業会議）

- ●農業委員会相互の連絡調整
- ●農業委員、推進委員、職員への講習・研修
- ●農地法等に基づく業務

農業委員会

農業委員会

農業委員会

農業委員会

農業委員会

農業者
就農希望者
参入企業等

農地中間
管理機構

3 農業委員会とは

1）農業委員会の設置

市町村ごとに設置が義務付けられています。

※東京都の特別区、政令指定都市の区も同様です。

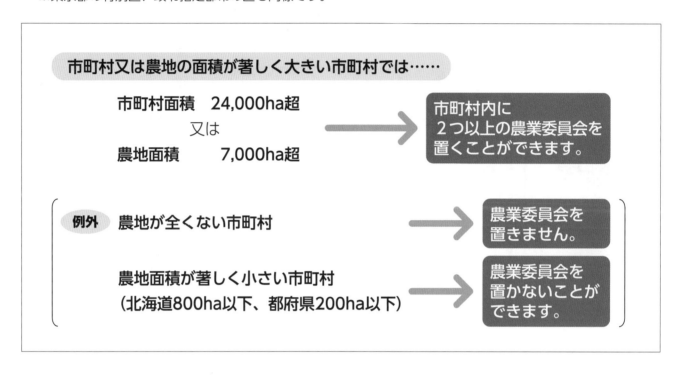

市町村又は農地の面積が著しく大きい市町村では……

市町村面積　24,000ha超
又は
農地面積　　7,000ha超
→ 市町村内に2つ以上の農業委員会を置くことができます。

例外
農地が全くない市町村
→ 農業委員会を置きません。

農地面積が著しく小さい市町村
（北海道800ha以下、都府県200ha以下）
→ 農業委員会を置かないことができます。

2）農業委員会の構成

農業委員会は、農業委員で組織するほか、農地利用最適化推進委員を置いています。
農業委員と農地利用最適化推進委員は、特別職の地方公務員（非常勤）です。
現在の全国的な選任状況は以下の通りとなっています。

農業委員・農地利用最適化推進委員の選任状況（令和4年3月末時点）

農業委員数①	23,256人
認定農業者	11,965人
中立委員	2,008人
女性	2,876人
委員の年代別	
70歳代以上	6,090人
60歳代	11,295人
50歳代	3,818人
40歳代	1,591人
30歳代以下	462人
農地利用最適化推進委員数②	17,722人
①＋②	40,978人

農業委員 農業者等の推薦・募集の結果を尊重して、市町村長が議会の同意を得て任命します。

ア 任命要件

❶ 農業に関する識見を有し、農業委員会の所掌事項に関し職務を適切に行うことができること

❷ 原則として、認定農業者等（注）が過半数を占めること

❸ 中立委員（利害関係を有しない者）が含まれること（1名以上）

❹ 青年・女性の積極的な登用に努めること

（注）　農業委員会の区域内の認定農業者の数が少ない（委員の定数に30を乗じた数を下回る※）場合は、農業委員の過半数を認定農業者等又は認定農業者等に準ずる者（過去に認定農業者等であった者（法人の場合は役員等）、認定農業者の農業に従事し、経営参画する親族、認定新規就農者、集落営農組織の役員等）とすることができる等の例外規定が設けられています（農業委員会法施行規則第2条）。

※令和4年3月31日施行規則の一部改正以前は、委員の定数に8を乗じた数を下回る場合とされ、かつ例外適用に議会の同意を必要としていました。

イ 定数

区　　　分		委員定数の上限
（1）次のいずれかの農業委員会 　①基準農業者数が1,100以下の農業委員会 　②農地面積が1,300ヘクタール以下の農業委員会	推進委員を委嘱する農業委員会	14人
	推進委員を委嘱しない農業委員会	27人
（2）（1）および（3）以外の農業委員会	推進委員を委嘱する農業委員会	19人
	推進委員を委嘱しない農業委員会	37人
（3）基準農業者数が6,000を超え、かつ、農地面積が5,000ヘクタールを超える農業委員会	推進委員を委嘱する農業委員会	24人
	推進委員を委嘱しない農業委員会	47人

※　定数は、農業委員会法施行令第5条で定める基準に従い、条例で定めます。

ウ 任期

農業委員の任期は3年です。

エ 秘密保持義務

職務上知り得た秘密を漏らしてはなりません。農業委員を辞めた後も、その秘密を漏らしてはなりません（農業委員会法第14条）。

オ 代表者

農業委員から互選された会長（1名）が代表者です。

キーワード　互選とは

　選挙権者が同時に被選挙権者として相互に選挙を行うことをいいます。互選は「選挙すること」であるため、投票によって行うのが原則ですが、指名推薦にて行っても差し支えありません。

会長の役割
- 事務の総括・整理
- 対外的な代表者
- 職員への指揮・命令
- 総会の招集、総会の議長（別段の定めがある場合を除く）
- 議事について可否同数の場合における採決権
- 議事録の作成と公表

農地利用最適化推進委員　農業者等の推薦・募集の結果を尊重して、定められた区域ごとに農業委員会が委嘱します。

ア　委嘱要件

　農地等の利用の最適化の推進に熱意と識見を有すること。

イ　定数

　定数基準の「農地100haに1人以下」（農業委員会法施行令第8条第1項）に従い、条例で定めます。

　なお、農業委員会法施行令等の改正（令和4年4月施行）により、地理的条件その他の状況により農地利用最適化の推進が困難な場合（注）は、農業委員会法施行令第8条第1項で規定する数に、市町村が必要と認める数（同項で規定する数が上限）を加えて定めることができるようになりました（農業委員会法施行令第8条第2項）。

（注）特定農山村地域に該当する場合又は都市計画区域を含み農地面積比率が15％未満等の場合（農業委員会法施行規則第10条の2）

ウ　任期

農業委員の任期満了の日までです。

エ　秘密保持義務

　職務上知り得た秘密を漏らしてはなりません。推進委員を辞めた後も、その秘密を漏らしてはなりません（農業委員会法第24条）。

オ　総会又は部会への参画

　　推進委員は、農業委員会の総会や部会での議決権こそありませんが、総会や部会で、活動について報告を求められるほか、自らが担当する区域の「農地等の利用の最適化の推進」について、総会や部会に出席して意見を述べることができます（農業委員会法第29条）。

カ　農業委員会が農地利用最適化推進委員を委嘱しないことができる市町村

　　次のいずれかの市町村は、推進委員を委嘱しないことができます（農業委員会法第17条第1項ただし書）。

　❶ 農業委員会の必置義務が課されていない市町村

　❷ 市町村の区域内の農地の遊休農地率が1％以下、かつ、当該区域内の農地利用面積の担い手への集積率が70％以上という要件を満たす、農地利用の効率化・高度化が相当程度図られている市町村

農業委員と農地利用最適化推進委員の連携

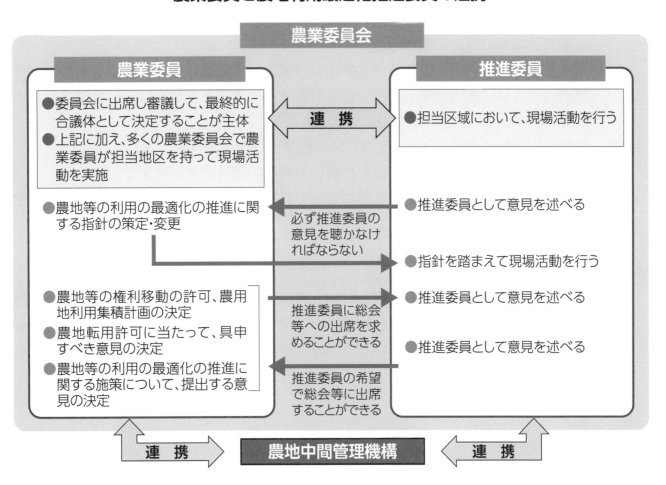

3）農業委員会の組織

総　会 合議体である農業委員会の最高議決機関です。

主な役割 《農業委員会法第6条に掲げる事項》

（主なもの）
- ア　農地の「売買・貸借」の許可申請（農地法第3条）の可否の審議・決定
- イ　農地転用許可（農地法第4条・第5条）の申請書を都道府県知事に送付する際の当該許可申請に対する意見の決定
- ウ　農用地利用集積等促進計画を定める際の意見聴取への回答（農地中間管理事業の推進に関する法律第18条第3項）
  - →機構は、農用地利用集積等促進計画を定める場合にはあらかじめ農業委員会の意見を聴きます。
- エ　農用地利用集積等促進計画を定めることの要請（農地中間管理事業の推進に関する法律第18条第11項）
  - →農業委員会は、農用地の利用の効率化及び高度化の促進を図るために必要があると認めるときは、農用地利用集積等促進計画を定めることを機構に対し要請することができます。
- オ　農用地利用集積計画の決定（農業経営基盤強化促進法附則第5条）
  - →農業委員会の決定を経て、市町村が農用地利用集積計画を定めます。
  - ※農用地利用集積計画は、地域計画が策定された後、また策定していない場合でも令和7年4月以降は作成できません。

農業委員会の組織

農業委員会
総　会
部　会

部　会

　農業委員会は、その区域の一部に係る全ての事務を処理する部会を1つ又は2つ以上設置できます（農業委員会法施行規則第8条第1項）。部会の農業委員の構成は、農業委員会本体と同様に、認定農業者等の過半要件及び中立委員必置要件を満たさなければなりません（農業委員会法第16条第3項）。

主な役割

（主なもの）

　上記総会の役割のうち、農地の売買、貸借、転用に関わる事務等、部会の所掌に属することを総会で議決した事項
- →　部会の議決が農業委員会の決定となります。（農業委員会法第28条第1項）

> 　総会と部会は、農業委員会の民主的な運営を図ろうとする趣旨から公開（農業委員会法第32条）し、議事録を公表（同法第33条）することとなっています。

4 農業委員会の事務と 農業委員・農地利用最適化推進委員の役割

1）農業委員会法第6条第1項事務

（1）農地法に基づく事務

農地の権利移動の許可

制度の概要 （農地法第3条）

　農地の売買・貸借等による権利移動には、農地法第3条の規定による農業委員会の許可が必要です。

農業委員会・農業委員、推進委員の役割

　権利移動の許可申請書が提出されたら、審議の前までに、複数の農業委員や推進委員が現地調査を行います。

　総会又は部会で審議し、許可の可否を決定した上で、申請者に通知します（農業委員会事務局が対応）。

農地転用の意見送付

制度の概要 （農地法第4条・第5条）

　農地を農地以外に転用する場合（農地法第4条）、農地を買ったり、借りたりして転用する場合（農地法第5条）には、農業委員会を経由して都道府県知事又は指定市町村長の許可（4ha超は都道府県知事等と農林水産大臣との協議）が必要です。

農業委員会・農業委員、推進委員の役割

　転用の許可申請書が提出されたら、総会又は部会で審議し、農地転用許可基準からみた意見を決定して都道府県知事等に送付します。この場合、農業委員会は、30a超の転用案件について意見を述べようとするときは、あらかじめ都道府県農業委員会ネットワーク機構（常設審議委員会）の意見を聴かなければならないこととなっています。

農地所有適格法人の要件確認と勧告

制度の概要 （農地法第6条）

　農地所有適格法人は毎事業年度の終了後3カ月以内に事業状況報告書を農業委員会に提出します。これは、農地所有適格法人の要件（①法人形態要件、②事業要件、③議決権要件、④役員要件）

を満たしているかどうか確認をするためです。

農業委員会・農業委員、推進委員の役割

○報告書の徴収・整理・要件の確認（主に農業委員会事務局が対応）

○要件の確認に当たっては、必要に応じて、農業委員、推進委員が農地所有適格法人の事務所等に立入調査を行います。

○要件を満たさなくなるおそれがある場合は、その法人に総会又は部会の決定に基づく「勧告」を行い、その法人から所有農地の譲渡の申出があったときは、他の農業者に農地のあっせんを行います。

農地の利用状況調査

制度の概要 （農地法第30条）

毎年8月頃に、管内の全ての農地の利用状況を調査します。

農業委員会・農業委員、推進委員の役割

農業委員や推進委員が農地の利用状況を調査します。

まずは目視（人工衛星やドローン等で得られた画像でも可）で確認し、遊休化している可能性のある農地はさらに詳しく確認を行い、記録します。

遊休農地の所有者等への対応

制度の概要 （農地法第30条～第42条）

利用状況調査の結果、遊休農地等と判定した場合は、ただちに所有者等に対する利用意向調査を行い、農地中間管理機構等を活用して、遊休農地の有効利用を図ります。

農業委員会・農業委員、推進委員の役割

○遊休農地の所有者等に対して、「農地中間管理事業を利用したい」「耕作を再開したい」「自ら農地の受け手を探して農地を売りたい」などの利用意向調査を書面（様式が定められています）で行います（農地法施行規則第74条）。

○遊休農地の所有者等がその農地を耕作する意思を表明しても耕作していないことなどが意思表明から6か月経過後の現地確認で明らかになった場合、1か月以内に「農地中間管理機構との協議」を勧告します（農地法第36条）。

農業委員会による遊休農地に関する措置（農地法第30条～第42条）の流れ

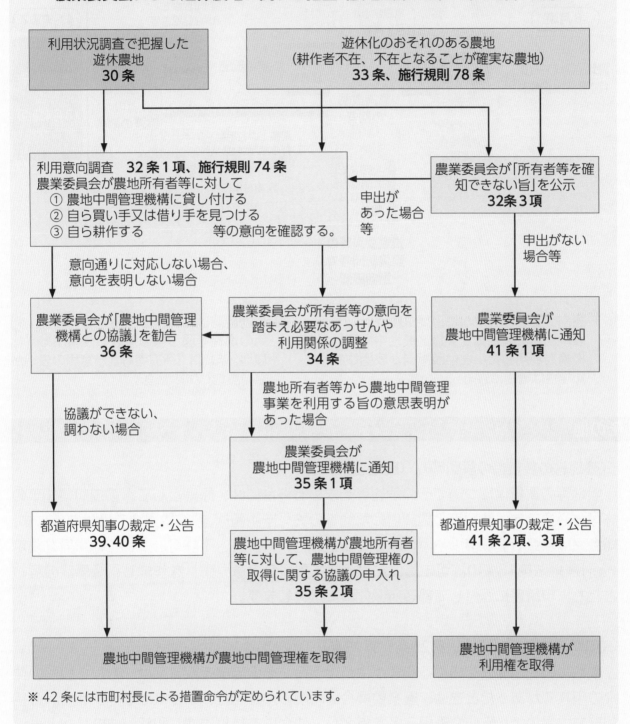

※ 42条には市町村長による措置命令が定められています。

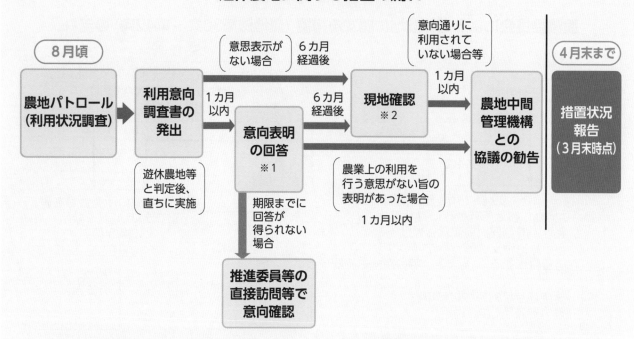

遊休農地に関する措置の流れ

- **8月頃**
- 農地パトロール（利用状況調査）
  - 遊休農地等と判定後、直ちに実施
- 利用意向調査書の発出
  - 意思表示がない場合　1カ月以内
- 意向表明の回答 ※1
  - 6カ月経過後
  - 期限までに回答が得られない場合
- 現地確認 ※2
  - 6カ月経過後
  - 意向通りに利用されていない場合等　1カ月以内
  - 農業上の利用を行う意思がない旨の表明があった場合　1カ月以内
- 農地中間管理機構との協議の勧告
- **4月末まで**
- 措置状況報告（3月末時点）
- 推進委員等の直接訪問等で意向確認

※1　意向確認後、速やかに必要なあっせんや農地利用調整活動を実施。農地中間管理機構を利用したいという意向が表明された場合は機構に通知

※2　現地確認は、利用意向調査で「農業上利用の増進を図る旨の意思の表明があった農地」または「所有者等から意思の表明がない農地」の現地確認

その他

〈農地等の賃貸借の解約等〉（農地法第18条）

　農地等の賃貸借についてその解約等を求める場合には、原則として、都道府県知事の許可が必要です。農地等の賃貸借の解約等の許可申請書は、農業委員会で受付をします。総会又は部会で記載事項や添付書類の審査を行い、許可、不許可についての意見を決定し、「農地法第18条の許可申請にかかる農業委員会の意見書」を作成し、議事録の写しとともに申請書に添付して都道府県知事に送付します。

〈和解の仲介〉（農地法第25条〜第29条）

　農地等の利用関係をめぐる紛争が生じた場合、その当事者双方又は一方から和解の仲介の申立てがあったときは、農業委員会は和解の仲介を行わなければなりません。会長が農業委員の中から仲介委員3名を指名し、仲介にあたります。和解が成立したときには、和解調書を作成します。

〈賃借料の情報提供〉（農地法第52条）

　農業委員会は、実際に締結されている農地の賃貸借の賃借料に関するデータを収集し、各地域ごとに、農地の種類別、ほ場整備の実施状況別、地帯別などに区分し、区分ごとの最高額、最低額、平均額を広報誌、インターネット等を活用して幅広く情報提供します。

（2）農業経営基盤強化促進法（基盤法）に基づく事務

基本構想に対する意見

制度の概要 （基盤法第6条、基盤法施行規則第2条）

　市町村が「農業経営基盤の強化の促進に関する基本的な構想（基本構想）」を作成又は変更する際に、農業委員会、農協等の意見を聴くことになっています。

農業委員会・農業委員の役割

　総会又は部会にて、基本構想（案）に対する意見を取りまとめます。

> **キーワード　基本構想とは**
>
> 　各市町村において、今後10年間にわたり、その育成すべき効率的かつ安定的な農業経営の目標を明らかにし、そのような農業経営を育成していくための施策等市町村の考え方を明らかにするもの。

認定農業者等への利用権の設定等の促進

制度の概要 （基盤法第16条）

　農業委員会は、認定農業者又は認定新規就農者から農地を借りたい等の申出があった場合には、申出に基づき認定農業者等が農地を借りられる（又は所有できる）よう、農地の利用関係の調整に努めます。

農業委員会・農業委員、推進委員の役割

　認定農業者等からの申出を受け、農地の出し手との結びつけをします。

　地域の農業事情に精通した農業委員、推進委員の知識や人脈を活かしつつ、農業委員会事務局と連携して取り組みます。

　なお、地域計画の区域内の農地に関する申出であった場合は地域計画の内容を考慮して調整する必要があります。

地域計画策定への協力

制度の概要 （基盤法第18条～第20条）

　農業経営基盤の強化の促進に関する計画（以下、地域計画という）とは、従来作成していた「人・農地プラン」が法定化されたもので、地域農業の将来の在り方を示した計画と、農業を担う者ごとに利用する農地を地図に示した「目標地図」を備えます（基盤法第19条）。

　作成にあたっては、農業者や機構、農協等地域の関係者間による協議の場を設け、地

域の農業の将来の在り方や農地の効率的利用について協議します（基盤法第18条）。

　市町村は、協議の結果を踏まえ地域計画を定めますが、その際、農業委員会に目標地図の素案の作成と提出を求めることになっています（基盤法第20条）。

農業委員会・農業委員、推進委員の役割

○目標地図の素案を作成します。

　市町村からの求めがあった際には、区域内の農地の保有及び利用の状況、農地所有者や耕作者の農業上の利用の意向等を勘案して作成します。

　素案の作成にあたっては、事前に市町村と協議し、どのような素案とするか認識を共有しておくことが重要です。

○集落座談会等の地域の協議の場に積極的に参加します。想定される役割は以下の通りです。

　①コーディネーター（司会進行・意見集約）、②目標地図の素案の説明、③意向把握の結果説明、④話題や情報の提供、⑤前向きな意見を述べる、⑥話し合いへの参加の呼びかけ

キーワード　目標地図と農業委員会の作成する目標地図の素案とは

　目標地図とは、農業を担う者ごとに利用する農地を地図に示し10年後に目指すべき農地の姿を明確化するものです。簡単に言うと、10年後の耕作予定者を農地一筆ごとに特定した地図が目標地図となります。

目標地図の素案のイメージ
耕作者毎に農地を色分けし利用意向を記号で反映
○:規模拡大
▲:現状維持・縮小
なし:離農

　農業委員会の作成する素案は、現状の耕作図に耕作者や農地所有者の意向を反映させた目標地図の土台となるものです。

参考　地域の話し合いで決めること

■耕作者の年齢、後継者の有無、今後の意向等を踏まえた農地利用

■将来の農地利用の在り方とそれに向けた農地利用方針や担い手への農地集積目標

■農地中間管理事業の活用方針

■多様な経営体の確保・育成や農作業委託の取組み

■農業を担う者（認定農業者、兼業農家、自給的農家、農作業受託組織等）による地域農業のあり方（生産品目、経営の複合化、6次産業化）をどうするか等

■目標地図に位置付ける地域の農業を担う者

農用地利用集積計画の決定

農用地利用集積計画については、改正前の基盤法第18条〜第20条に定められていましたが、令和5年4月1日より機構法の農用地利用配分計画と統合され、「農用地利用集積等促進計画」に一本化されました。

これにより、基盤法に基づく利用権設定は無くなりましたが、附則第5条に定められた経過措置により「施行日から起算して2年を経過する日まで」又は「地域計画が定められ、公告された日の前日まで」は、従来通り計画の作成、公告による利用権設定を行うことができます。

制度の概要 （基盤法附則第5条）

市町村は、関係権利者の同意を得るとともに、農業委員会の決定を経て、農用地利用集積計画を作成します。

その後、市町村が公報に掲載する等により公告することで、権利移動の効果が生じます。

農業委員会・農業委員、推進委員の役割

総会又は部会にて、農用地利用集積計画を決定します。その際に、「全て効率利用」「農作業常時従事」などの要件を満たすかどうかを審査します。

キーワード　農用地利用集積計画とは

農用地の地権者と意欲ある農業者との農用地の貸借等を集団的に行うために、市町村が同一の計画書において個々の権利移動をまとめ、集団的に貸借等の効果を生じさせるもの。この計画に位置付けられた貸借等の権利移動は特例として、農地法第3条に基づく許可が不要です。

農用地利用集積計画の作成手順

利用権設定等促進事業 → 認定農業者等 → 規模拡大の申出 → 農業委員会による利用調整 ← 要請 → 農用地利用改善団体等による調整 ← 申出 → 市町村による農用地利用集積計画の作成 ← 農業委員会の決定 → 市町村が公告 → 権利の設定又は移転

（3）農地中間管理事業の推進に関する法律（機構法）に基づく事務

農用地利用集積等促進計画に対する意見

制度の概要 （機構法第18条）

　農地中間管理機構は、地域との調和に配慮しつつ、地域計画の区域において事業を重点的に実施します。

　農用地利用集積等促進計画（以下、促進計画という）を定めようとするときは、農業委員会に加え、地域計画の区域内の場合は市町村、その他の時は利害関係人に意見を聴いた上で、都道府県知事の認可を受けます。

　その後、都道府県知事がその旨を公告することで権利移動の効果が生じます。

> **キーワード　農地中間管理機構とは**
>
> 　担い手への農地利用の集積・集約化を推進し、農地の有効利用の継続や農業経営の効率化を進めるために、都道府県に１つ設置されています（機構法第４条）。

農業委員会・農業委員、推進委員の役割

　機構は、促進計画を定めようとするときに農業委員会の意見を聴くことになっているため（機構法第18条第３項）、総会又は部会の審議に基づき意見を述べます。

　また、農業委員会が農用地の利用の効率化及び高度化の促進を図るために必要があると認めるときは、促進計画を定めるべきことを機構へ要請できます（機構法第18条第11項）。

　機構は、促進計画を作成する際に市町村等に情報提供の協力や計画案の作成を依頼することができます（機構法第19条第１項、２項）。この際、必要な場合市町村は農業委員会の意見を聴くことになっているため（機構法第19条第３項）、総会又は部会の審議に基づき意見を述べます。

（4）農業振興地域の整備に関する法律（農振法）に基づく事務

農業振興地域整備計画に対する意見

制度の概要 （農振法施行規則第３条の２）

　市町村は、農業振興地域整備計画を策定又は変更する際に、農業委員会の意見を聴いた上で、策定又は変更します。

> **キーワード　農業振興地域整備計画とは**
>
> 　優良な農地を確保・保全するとともに、農業振興のための各種施策を計画的かつ集中的に実施するために市町村が定める総合的な農業振興の計画

農業委員会・農業委員の役割

　意見の聴取については、総会又は部会での審議に基づき、市町村長に回答します。

（5）特定農地貸付けに関する農地法等の特例に関する法律（特定農地貸付法）等に基づく事務

特定農地貸付けの申請の承認

制度の概要　（特定農地貸付法第3条）

　市民農園の開設方法は、特定農地貸付法のほか市民農園整備促進法（本書では略）、都市農地貸借円滑化法（同）に基づく手続があります。

　手続の中で、農業委員会は開設主体からの特定農地貸付けの申請の承認をします。

特定農地貸付法により、農家（農地所有者）が市民農園を開設する場合

[開設主体]

- ①貸付協定
- ②貸付規程の作成
- ③特定農地貸付けの申請
- ④特定農地貸付けの承認
- ⑤使用収益権の設定

農地所有者 → 市町村 → 農業委員会 → 利用者

農業委員会・農業委員の役割

　特定農地貸付けの申請について、総会又は部会で審議し、「承認する」「承認しない」を決定します。

> **キーワード　市民農園とは**
>
> 　都市住民がレクリエーション等を目的として、自家用の野菜や花の栽培、農作業の体験をするための小面積の農園

（6）その他の法律に基づく事務

　○土地改良法　○独立行政法人農業者年金基金法※　○租税特別措置法　○土地区画整理法　○生産緑地法　○都市農地の貸借の円滑化に関する法律　ほか

> **※ 農業者年金への加入推進**
>
> 　農家にとってメリットの大きい制度である「農業者年金」への加入推進も農業委員会の大切な業務です。
>
> 　「どうして教えてくれなかったの？」と言われないように農業者年金への加入を進めましょう。
>
> 　農業者年金の役割、加入推進活動の意義を農業委員会の総会等で確認するとともに、これまでの加入推進活動を点検し、加入推進目標、加入推進活動の実施内容、実施時期等を定めた「加入推進活動計画」を策定した上で、具体的な対策に取り組みます。

2）農業委員会法第6条第2項事務（農地等の利用の最適化の推進）

第6条第1項と同様に第2項も農業委員会の必須事務です。

地域の農地を、将来も農地として残し、活かし、耕し続けるためには、「今使われている農地を、使えるうちに、使える人に算段」していく必要があります。そのためには、農業委員・推進委員は、「農地の見守り」「農家への声かけ」など日常活動を起点に農地所有者等の意向を把握したり、集落の話合いに参加して農地の利用調整を図る必要があります。

農業委員・推進委員がやるべきこと

　日常的な「農地の見守り活動」「農家への声掛け活動」→「活動記録簿の記帳」

　農地所有者等の意向把握 ＋ 集落での話合い ＋ 出し手と受け手のマッチング

その結果、担い手への農地利用の集積・集約化、遊休農地の発生防止・解消、新規参入の促進が図られるのです。

（1）担い手への農地利用の集積・集約化

令和5年4月1日に施行された改正農業経営基盤強化促進法により、地域の農業の将来の在り方を示す地域計画を策定することとなりました。

地域計画で定める内容については、基盤法施行規則第18条に示されていますが、その中で担い手に対する農地集積や農地の集団化に関する目標を適切に定めることが求められており、地域計画が農地利用の集積・集約化を進める指針となります。そのため、地域計画の策定期間である令和7年3月までは、地域計画の策定に協力することが農地の集積・集約化につながる取り組みとなります。

（2）遊休農地の発生防止・解消

遊休農地の発生防止・解消対策は極めて重要です。

農地法第30条・第32条に基づく利用状況調査や利用意向調査の結果を踏まえ、担い手への農地利用の集積・集約化、担い手の不足する地域での集落営農や都市住民の利用の促進など、地域の実態に即した取組みを行うことが必要です。

また、利用状況調査の結果、農業上の利用の増進を図ることが見込まれない農地があった場合は、調査後直ちに非農地判断を行います。

農業委員・農地利用最適化推進委員の役割

　農地の利用状況調査を徹底するとともに、遊休農地所有者等の意向把握に併せて、農業委員及び推進委員が戸別訪問や日常の相談活動等を行い、農地中間管理機構への貸付けを促進します。

　また、非農地判断は、所有者からの申請がなくても行えます。守るべき農地を明確に

するためにも、速やかな非農地判断が必要です。

（3）新規参入の促進

　担い手が不足する地域では、地域の外から個人や企業の新規参入を促す支援・誘致が必要になります。

　新規参入の促進は、農業委員会の必須事務に位置付けられており、新規参入に当たっての相談窓口や農地のあっせん等の支援が求められています。

農業委員・農地利用最適化推進委員の役割

①　新規就農の促進

　IターンやJターンで他地域から若者等が就農する場合、知り合いや頼る者もいない場合がほとんどです。意欲と能力のある新規就農希望者については、農業委員・推進委員がその後ろ盾となって、就農候補地を見つけ、農地所有者との橋渡しをする等、親身な支援を行うことが期待されています。

②　企業参入の促進

　個人農家や集落営農については、法人化の取組みが進んでいるほか、企業の農業参入についても農業界と産業界が連携して積極的に促進しているところです。

　市町村や農業委員会等が適切に連携することで、参入候補地となる農地の確保や農地所有者との橋渡し等が進むと期待されています。

農業委員・農地利用最適化推進委員の相談活動

　地域農業の「世話役」として「農地と人」に関わることはもちろん、経営や後継者問題まで幅広い内容について相談に応じます。

　相談活動に当たっては、次の点に留意します。

■相談内容によっては、農業委員会事務局職員に制度等について相談して対応しましょう。

■農業委員、推進委員には「秘密保持義務」が定められています（農業委員会法第14条、第24条）。相談活動などによって得られた個人情報の取扱いには十分な注意が必要であり、みだりに口外してはいけません。

■相談相手・内容等については、「農業委員会活動記録セット」等を活用して、記録に残しましょう。

農業委員・推進委員の最適化業務引継ぎマニュアル（様式）

　改選により農業委員・推進委員が替わっても、農地利用の最適化業務、特に「意向把握」と「話し合い活動」の取り組みが滞ることがないよう作成したマニュアルです。二次元コードから確認してください。

3）農業委員会法第6条第3項事務（法人化、農業経営の合理化、調査・情報提供）

（1）法人化、農業経営の合理化の支援

　農業委員会の最重要課題である農地等の利用の最適化は、担い手への農地利用の集積・集約化、遊休農地の発生防止・解消、新規参入の促進です。

　これを実現するためには、農地を集積・集約する対象の農業者又は新規就農・参入者の経営の改善、規模拡大等による経営の確立・発展を図ることが重要です。

　そのためには、農業委員会ネットワーク機構（都道府県農業会議、全国農業会議所）と連携し、農業経営の法人化、複式簿記の記帳や青色申告、農業者年金への加入推進等による農業経営の合理化に向けた取組みを支援する地道な活動が不可欠です。

（2）調査・情報提供活動

①　農業一般に関する調査活動

　農地等の利用の最適化を進めるためには、農地の賃借料、農作業労賃、農地の売買価格等に関する調査をはじめとして、地域農業の実態について把握することが重要となります。

　このため、農業一般に関する調査を実施することとなっており、推進委員の皆さんは、農業委員、農業委員会事務局との役割分担、連携の下で調査活動を行うこととなります。

②　情報提供活動

　農業委員会として、法令等による農地の制度や税制に関わる事務を的確に実施するとともに、これら法令の遵守や国・都道府県等の支援施策の活用等に関する情報を農業者をはじめ、市町村民に広く周知することも農業委員会事務局と農業委員はもとより推進委員に期待される大きな役割です。

　農業委員会ネットワーク機構では、全国農業新聞、全国農業図書を発行して、農業者が必要とする情報の提供活動に取り組んでいます。

　市町村独自の「農業委員会だより」の発行と併せて、より多くの農業者、市町村民に必要な役立つ情報を届け、地域農業の発展につなげていくことが重要です。

4）農業委員会法第38条の取組み（関係行政機関等に対する意見の提出）

　農業委員会は、「農地等の利用の最適化の推進」に関する施策の改善についての「具体的な意見を提出しなければならない」こととなっています（農業委員会法第38条）。

　これは、農地等の利用の最適化の推進に当たる農業委員会として、PDCA（計画、実行、評価、改善）の視点から、施策の更なる改善提案を行うという考えに基づいており、関係行政機関等には提出された意見を考慮することが義務付けられています。

5 農業委員会としての「指針」の策定と活動の点検・評価及び公表

■ 1）農地等の利用の最適化の推進に関する指針の策定

農業委員会法第7条第1項に規定する農地等の利用の最適化の推進に関する指針（最適化指針）は、当該地域の目指す農地利用の将来ビジョンを描くもので、農業委員会はこの指針を定めなければなりません。

最適化指針には、右の囲みのとおり農地利用の最適化の推進に関する目標と、その目標達成に向けた具体的な推進の方法とともに、目標の達成状況をどのように評価するかを定めます。あわせて、委員の活動の担当地区、話合い活動の担当地区等を明記することが望ましいでしょう。

最適化指針を策定又は変更するときは、農業委員会は推進委員の意見を聴くことが義務付けられています（農業委員会法第7条第3項）。

①農地利用最適化の推進に関する目標
②農地利用最適化の推進方法
③目標の達成状況の評価方法

【参考例】○○市農業委員会「農地等の利用の最適化の推進に関する指針」

二次元コードから確認してください。

（項目概要）

第1　基本的な考え方

第2　具体的な目標、推進方法及び評価方法

1．遊休農地の発生防止・解消について

（1）遊休農地の解消目標（2）遊休農地の発生防止・解消の具体的な推進方法（3）遊休農地の発生防止・解消の評価方法

2．担い手への農地利用の集積・集約化について

（1）担い手への農地利用集積目標（2）担い手への農地利用の集積・集約化に向けた具体的な推進方法（3）担い手への農地利用の集積・集約化の評価方法

3．新規参入の促進について

（1）新規参入の促進目標（2）新規参入の促進に向けた具体的な推進方法（3）新規参入の促進の評価方法

第3　「地域計画」の目標を達成するための役割

2）活動目標・成果目標の設定と点検・評価・公表

　農業委員会法第37条に農業委員会は、農地等の利用の最適化の推進の状況、その他農業委員会の事務の実施状況について、公表することが義務付けられています。その方法については、施行規則及び「農業委員会による最適化活動の推進等について」（令和4年2月2日付け農林水産省経営局長通知）並びに同通知の詳細な実施方法を定めた農地政策課長通知に記されています。

　農業委員会は毎年度、3月末までに翌年度の最適化活動に係る活動目標[注1]と成果目標[注2]を設定します。これが「最適化指針」で設定した目標を達成するための単年度目標になります。そして、PDCAサイクルが適切に働くようにするため、推進委員等は最適化活動に係る記録簿を作成し、その記録に基づいて活動の点検・評価を行い、その結果を公表することとされています。

注1：活動目標は、①推進委員等の最適化活動の日数、②最適化活動を実施する強化月間の設定、③新規参入相談会への参加、について設定します。

注2：成果目標は、①農地の集積、②遊休農地の解消、③新規参入の促進について、「農業委員会の目標」と「推進委員等の担当地区ごとの目標」を設定します。

3）活動記録をつけましょう

〈活動を記録する意味〉

　活動をした場合は、必ず記録に残しましょう。記録することには2つの重要な意味があります。

①　農業委員会活動の見える化を進めるため

　活動記録に残っている活動は外部から見えているため委員の活動と認知されていますが、残っていない活動は委員の活動と認知されていないことが多く、「農業委員会の活動が見えない、分からない」等の誤解が生じています。行った活動は全て記録に残し、対外的に示せるようにすることで農業委員会活動への協力が得られやすくなります。

②　日々の活動や、活動で得た情報を農業委員会全体で共有するため

　活動した内容や活動で得た情報が残っていないと、新任の委員や事務局職員は、農地や耕作者の情報を一から把握する必要があったり、農地の利用調整やマッチングへ行き着くのに時間がかかったり等、農業委員会業務に支障が生じてしまいます。任期中に得た情報は農業委員会全体の財産ですので、必ず記録に残し農業委員会の皆で共有できるようにしましょう。

〈情報共有の工夫〉

○総会前後に活動記録簿に関する報告会を実施する

○報告会で毎回テーマを設定し関係者も参加してもらう（「話し合い活動」がテーマの場合、人・農地プラン部局等）

○総会時に活動記録を委員1人1人が報告する

○委員と事務局が1対1で活動記録簿を確認する

○優良活動は横展開し、農業委員と推進委員の連携強化

○近隣の農業委員会と情報共有交流会を実施

委員が把握した情報は
農業委員会全体の財産です

〈このような活動を最適化活動として記録します〉

農地の見守り活動

○日頃からできるだけ多くの農地を見回ることを意識しましょう

・ほ場に行く際等に毎回道順を変え、道中の農地の状況を確認

・現地調査、総会出席の際に通過する農地の状況を確認

農家への声かけ活動

○家の近所や自分のほ場の周辺の耕作者との雑談をきっかけに営農意向等を把握しましょう

・あぜ道での立ち話で、息子が来年帰ってきて後を継ぐことを知った（意向把握）

・近所でお茶を飲んでいたら、農地を預けたいという話が出た（意向把握）

・回覧板を渡しに行ったときに、集落座談会の日時を伝え参加を呼びかけた（話し合い活動）

打合せ・事前準備

○月に1回は農業委員会事務局と打合せをしましょう

○班活動をしている場合は、そのメンバーと打合せをしましょう

活動記録のポイント

活動をした場合は、その日のうちに記録しましょう。

① 「まみむめも」が活動の合言葉です。(基本)

ま 毎日書きましょう

み 見たこと聞いたことをすべて書きましょう

む 難しく考えずにとにかく書きましょう

め 面倒くさいと感じる前に書きましょう

も 問題点は必ず事務局と共有しましょう

② タブレットでも記録できるようになりました。

(例) タブレット端末での活動記録の入力画面

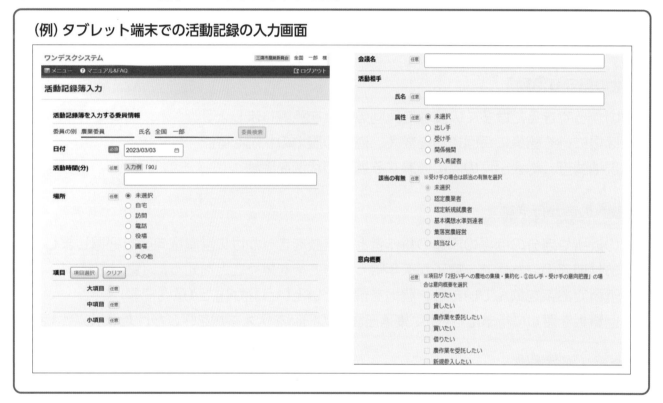

③ 記録簿を毎日つけるのが難しい場合は…

●農業委員会手帳やノート、付箋にメモ

●携帯等にメモ

6 農業委員・推進委員として 注意すべきこと

農業委員として注意すべきこと

総会・部会の運営

農地法等に基づく事務の公正・公平性、透明性をもった審議

公正・公平性、透明性に欠けるケース
- 大半が農業委員会事務局によって処理され、農業委員の関与が不十分なケース
- 農業委員が担当地区の案件にしか意見を言わないケース　ほか

議事参与の制限

自己又は同居の親族、配偶者に関する事項については議事参与が制限

注意が必要なケース
- 農業委員が不動産業を営み、関わっている案件

ほか

秘密保持義務

職務上知り得た秘密を漏らしてはならない。委員を辞めた後も同様

例えば
- 総会若しくは部会への出席又は現場活動等を通じて知り得た、当該農業者の家族構成、経営実態、営農意向、資産状況等

農業委員の失職

失職する場合
- 議会の同意を得て、罷免された場合
- 農業委員会法第8条第4項に該当した場合（①破産手続開始の決定を受けて復権を得ない者、②拘禁刑以上の刑に処せられ、その執行を終わるまで又はその執行を受けることがなくなるまでの者）

農地利用最適化推進委員として注意すべきこと

秘密保持義務

職務上知り得た秘密を漏らしてはならない。委員を辞めた後も同様

例えば
- 総会若しくは部会への出席又は現場活動等を通じて知り得た、当該農業者の家族構成、経営実態、営農意向、資産状況等

推進委員の失職

失職する場合
- 解嘱された場合
- 農業委員会法第8条第4項に該当した場合（①破産手続開始の決定を受けて復権を得ない者、②禁錮以上の刑に処せられ、その執行を終わるまで又はその執行を受けることがなくなるまでの者）

7 巻末資料

1）農業委員会系統組織の歩み

　農業委員会は、昭和26年の農業委員会法の制定によって、従前の農地委員会、農業調整委員会及び農業改良委員会の３委員会を統合して発足した行政委員会です。

　農業委員会制度は、その後、昭和29年、32年及び55年の３度にわたる大きな法律改正に続き、平成16年、27年には業務運営の効率化・重点化の観点から法律改正が行われました。

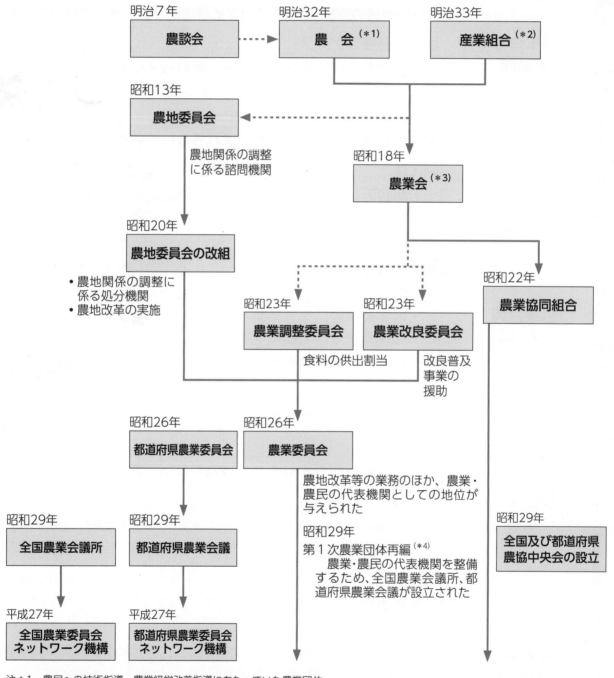

注＊1　農民への技術指導、農業経営改善指導にあたっていた農業団体
　＊2　中小産業者である農業者、工業者、商業者などがそれぞれ共同して、信用、販売、購買、生産等を行っていた組合
　＊3　国家統制により各種農業団体を統合した団体
　＊4　生産指導のあり方、農民の利益代表機能等を巡り、農民団体に発展

2）農業委員会制度の変遷（ポイント）

項　目	制定時（昭和26年）	昭和29年法改正	昭和32年法改正	昭和55年法改正
1. 設置等	• 市町村と都道府県に農業委員会を必置 • 農業委員会の設置基準面積 30ha 超（北海道は120ha 超）	• 都道府県農業委員会を廃止し、都道府県農業会議（認可法人）を設立 • 全国農業会議所（認可法人）を設立		
2. 業務 ⑴農業委員会 　①法令業務	①自作農の創設維持 ②農地等の利用関係の調整 ③農地の交換分合に関して法令により権限に属させた事項	• 農地法（昭和27年施行）を規定 • 制定時の3条件に加え、単に法令により権限に属させた事項を追加		• 農用地利用増進法を追加
②農業振興業務	• 建議、諮問答申の内容が限定		• 所掌事務の拡大 ①農業・農村の振興計画の樹立等 ②農業技術、農業経営、農民の生活に関すること ③調査・研究 ④啓もう・宣伝	
⑵都道府県 　農業会議 　①法令業務	• 農業委員会業務に同じ	• 農地法等法令によりその所掌に属させた事項に変更		
②農業振興業務	• 建議、諮問答申の内容が限定	• 建議、諮問答申の内容を農業、農民に関するすべての事項に拡大 • 啓もう、宣伝等任意業務の追加	• 農業委員会の任意業務への協力等を追加	
3. 定数 ⑴選挙委員	• 15人	• 10人～15人（条例）	• 10人～40人（条例）	• 10人～30人（特例として40人）
⑵選任委員	• 学識経験者5人以下（選挙委員の過半数が推薦した者）	• 5人以下（農協又は共済組合の理事、議会推薦の学識経験者） • 選挙委員定数の1/3以下	• 農協及び共済組合の理事各1人 • 議会推薦の学識経験者5人以内	
4. 選挙権、被選挙権	• 耕作者及びその親族、配偶者			• 農業生産法人の組合員、社員を追加（農地法の一部改正（昭和37年））
5. 選挙委員の任期	• 2年（任期延長の特例措置により実質3年の任期となった）	• 3年		
6. 選挙委員の解任	• 選挙権を有する者の1/2以上の同意を得て、選挙委員全員を解任			
7. 部会等 ⑴農業委員会		• 書記を職員に改める	• 選挙委員が20人超の農業委員会に農地部会を必置（その他の部会は任意設置可）	
⑵都道府県 　農業会議			• 農業委員会と同様に部会を設置	• 部会制を廃止し常任会議員会議を設置
8. 職員	• 書記を設置		• 農地主事を制度化	
9. 会議員	• 都道府県農業委員会当時は委員を選挙により決定	• 委員から会議員に変更	• 郡単位の代表者会議で互選された者を農業委員会ごとに委員のうちから指名した者に変更 • 代表者会議で互選された会議員とその他の会議員の割合の規定を削除	• 農業委員会ごとに委員のうちから指名した者を原則農業委員会の会長に変更
10. 経費	• 農地等の利用関係のあっせん以外は国の負担	• 農業委員会と都道府県農業会議（法令業務）の人件費を明文化 • 都道府県農業会議と全国農業会議所の業務費を明文化		• 農業委員会の人件費も法令業務に限定（地方財政法の一部改正（昭和51年））
11. その他				

（昭和60年改正）	（平成5年改正）	平成10年令改正	（平成11年改正）	（平成12年改正）	平成16年法改正	平成27年法改正
		• 農業委員会の必置基準面積90ha超（北海道は360ha超）			• 農業委員会の必置基準面積の算定から生産緑地区を除く市街化区域内農地を除外 • 農業委員会の必置基準面積200ha超（北海道は800ha超）	• 全国農業会議所、都道府県農業会議は一般社団法人化し、農業委員会ネットワーク機構として指定
	• 農用地利用増進法を農業経営基盤強化促進法に改称 • 特定農山村法を追加				• 農地及び農業経営に関する業務に重点化 ①土地の農業上の利用の確保 ②農地等の効率的な利用の促進 ③法人化その他農業経営の合理化 ④調査・研究 ⑤情報提供	①農地等の利用の最適化の推進として • 担い手への農地利用の集積・集約化 • 遊休農地の発生防止・解消 • 新規参入の促進 に関する事務が重点であることを明確化 ②農地等利用最適化推進施策の改善の具体的意見の提出を義務化
					• 啓もう及び宣伝を情報提供に改正 • 農業委員会への助言を追加	①農地情報の収集、整理、提供 ②新規就農、参入希望者への支援 ③法人化等の経営支援 ④担い手の組織化と運営支援 ⑤農業に関する調査、情報提供 ⑥農地等利用最適化推進施策の改善の具体的意見の提出 を義務化
		• 区分ごとの定数基準の大くくり化			• 下限定数（10人）の条例への委任	• 農業委員の選挙制と選任制の併用を廃止し、推薦・公募と議会同意に基づく市町村長の任命制に一本化 • 農業委員とは別に、農地利用最適化推進委員を新設
					• 農協、共済組合及び土地改良区の理事等又は組合員各1人 • 議会推薦の学識経験者4人（条例でこれより少ない数を定める場合は、その数）以内	①定数（条例） 【農業委員】（区分に応じて） • 推進委員を委嘱：14人・19人・24人以下 • 推進委員を委嘱しない：27人・37人・47人以下 【推進委員】農地100haに1人
			• 一定要件を満たす農業生産法人の株主に選挙権、被選挙権を付与			②任期 【農業委員】3年 【推進委員】農業委員の任期満了日 ③罷免・解嘱
					• 選挙権を有する者の1/2以上の同意を得て、特定の選挙委員を解任	【農業委員】市町村長が議会の同意を得て罷免 【推進委員】農業委員会が解嘱
					• 選挙委員が21人以上の農業委員会は農地部会を任意設置可（複数設置も可） • その他の部会は選挙委員定数にかかわらず任意設置可	• 部会は区域ごとに設置可
• 農地主事の任免に関する知事の承認規定を削除 • 農地主事の不利益処分による大臣の知事に対する意見申述規定を削除			• 農地主事の必置規制の廃止			
					• 特定組合に該当する農業共済組合も推薦主体に位置付け	• 会議員から一般社団法人の会員に変更
• 農業委員会の人件費等の交付金化 • 都道府県農業会議の人件費の負担金化		• 農業委員会交付金について、客観的指標に基づく交付基準の引上げ			• 全国農業会議所に対する国の運営費補助を廃止して特別民間法人に移行（平成14年）	
				• 都道府県の機関委任事務の自治事務化、廃止等		